NOSSO AMBIENTE

RECICLAGEM

Jen Green

Tradução de **Claudia Cabilio**

Difusão Cultural do Livro

Copyright © 2004 do texto: Jen Green
Copyright © 2008 da Edição brasileira: Editora DCL – Difusão Cultural do Livro Ltda.
Copyright © 2005 da Edição: Aladdin Books Ltd.

EDIÇÃO BRITÂNICA
Elaborada e coordenada por Aladdin Books Ltd.
213 Fitzroy Mews – Londres – W1T 6DF
Título original: *Recycling*

CRÉDITOS DA EDIÇÃO BRASILEIRA

DIRETORA EDITORIAL	Eliana Maia Lista
EDITORA EXECUTIVA	Otacília de Freitas
EDITOR DE LITERATURA	Vitor Maia
EDITORAS ASSISTENTES	Camile Mendrot
	Pétula Lemos
TRADUÇÃO	Claudia Cabilio
REVISÃO TÉCNICA	Adalberto Wodianer Marcondes
PREPARAÇÃO DE TEXTO	Carmen Costa
REVISÃO DE PROVAS	Ana Paula Santos
	Flávia A. Brandão
	Renata Palermo
PROJETO GRÁFICO	Pólen Editorial
DIAGRAMAÇÃO	aeroestúdio
ASSESSORIA DE IMPRENSA	Paula Thomaz
SUPERVISÃO GRÁFICA	Rose Pedroso
GERENTE DE VENDAS E DIVULGAÇÃO	Lina Arantes Freitas

CRÉDITO DAS FOTOGRAFIAS
Abreviações: e-esquerda; d-direita; i-inferior; t-topo; c-centro; m-meio
Todas as fotografias fornecidas por Photodisc, exceto:
4-5, 18ie, 21c — Comstock. 4ª capa te — Larry Rana/USDA. 1, 5id, 9me — Alupro: www.alupro.org.uk. 8id, 12id, 17id, 19td, 23ie, 23id, 25id, 26md, 27id, 28td, 29me, 30ie, 31ie — Jim Pipe. 3id, 20md — Rexam plc. 4me — Digital Stock. 7me, 16td, 19ie, 25me — Corel. 11me, 26ie, 27me — Corbis. 13te, 17me — Ken Hammond/USDA. 13me — Flat Earth. 13id — Select Pictures. 24 id — George Trian/US Navy. 29te — Remarkable: www.remarkable.co.uk. 30td — Delfim Martins/Pulsar imagens. 14m, 21id, 28me — Dreamstime.

**Texto em conformidade com as novas regras
ortográficas do Acordo da Língua Portuguesa.**

**Dados Internacionais de Catalogação na Publicação (CIP)
(Câmara Brasileira do Livro, SP, Brasil)**

Green, Jen
Reciclagem / Jen Green ; tradução de Claudia Cabilio. – São
Paulo : DCL, 2008. – (Nosso ambiente)

Título original: *Recycling*
ISBN 978-85-368-0375-3

1. Literatura infantojuvenil 2. Lixo – Eliminação – Literatura
infantojuvenil 3. Reciclagem (Resíduos etc.) – Literatura infantojuvenil I. Título. II. Série.

07-9894   CDD-028.5

Índices para catálogo sistemático:
1. Lixo : Reciclagem : Literatura infantojuvenil 028.5
2. Lixo : Reciclagem : Literatura juvenil 028.5

1ª edição • março • 2008

Editora DCL – Difusão Cultural do Livro
Rua Manuel Pinto de Carvalho, 80 – Bairro do Limão
CEP 02712-120 – São Paulo – SP
Tel. (0xx11) 3932-5222
www.editoradcl.com.br

Sumário

Introdução **4**
Por que reciclar? **6**
O que é reciclagem? **8**
Para onde vai o lixo? **10**
O lixo se decompõe? **12**
Resíduos perigosos **14**
Mundo de desperdício **16**
Reciclagem de água **18**
Reciclagem de vidro **20**
Reciclagem de papel **22**
Reciclagem de metal **24**
Reciclagem de plástico e de tecidos **26**
Reduza, reutilize, recicle **28**
Projeto de reciclagem **30**
Glossário **31**
Índice remissivo **32**

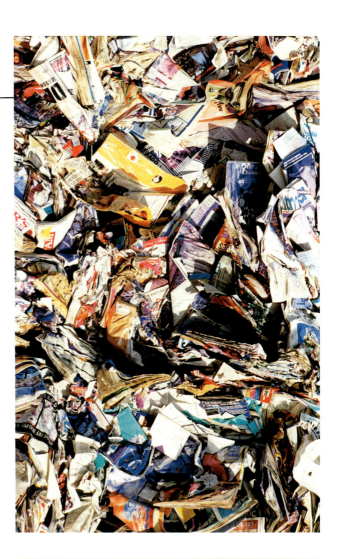

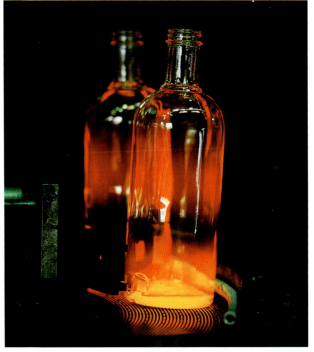

Introdução

Lixo é qualquer coisa que não usamos mais. Quando jogamos alguma coisa fora, produzimos lixo. Atividades domésticas, como cozinhar, lavar louça ou roupas, também produzem lixo. Contudo, podemos reciclar o lixo. Reciclar significa transformar o lixo em alguma coisa nova. Este livro explica por que devemos reciclar e como fazer isso.

▲ **Uma canoa feita de vidro velho!**

Você ficaria surpreso ao saber em quantas coisas o lixo pode se transformar. O vidro de garrafas e potes, por exemplo, pode ser transformado em um material chamado fibra de vidro. Essa mistura de cola resistente e tiras finas de vidro pode ser usada para fazer canoas e barcos.

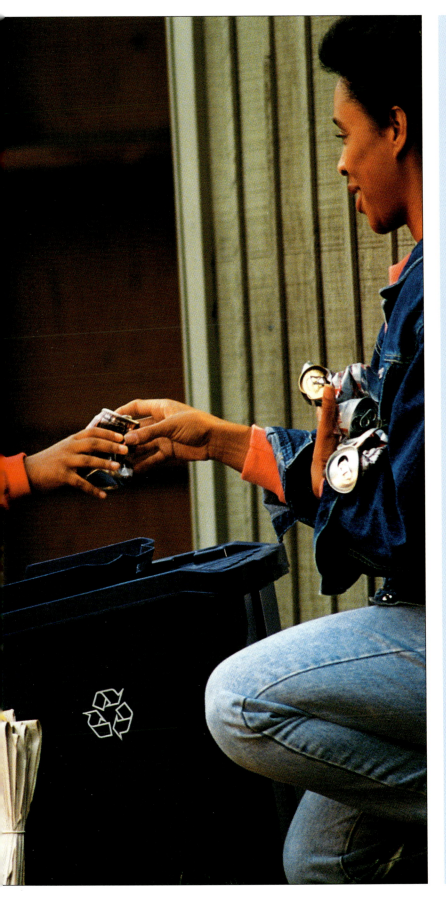

▼ Todos podemos aprender a reciclar.

Este livro explica como podemos transformar nosso lixo em produtos úteis. A reciclagem, porém, é apenas uma das formas de lidar com o lixo. Lembre-se destas três palavras: reduza, reutilize, recicle.

- Procure reduzir a quantidade de lixo que você produz.

- Reutilize coisas, tais como potes e garrafas de vidro ou de plástico, quando puder encontrar um novo uso para elas.

- Se não puder reutilizar alguma coisa, então recicle.

Por que reciclar?

Todos os dias jogamos coisas fora – embalagens, garrafas, latas vazias e papel.
Esse lixo gera um monte de resíduos que contaminam nosso ambiente e podem prejudicar os animais.
Mas não precisamos jogar o lixo fora, podemos reciclá-lo. Quer dizer, podemos usar coisas velhas para fazer coisas novas.

▶ **Veja como o lixo é fedorento!**

Nosso lixo é recolhido periodicamente e, isso feito, logo nos esquecemos dele. Mas o lixo não vai simplesmente embora e ponto final. Alguém tem que lidar com ele. Se você colocasse seu lixo em banheiras, encheria 100 delas por ano! Algumas vezes as pessoas deixam o lixo por aí, fazendo muita sujeira. A sujeira estraga a aparência do campo e das cidades quando se acumula, ela ainda pode soltar um cheiro horrível. Sinta o cheiro de sua lata de lixo!

▲ O lixo pode fazer mal aos animais e ao meio ambiente.

Lojas, hospitais, fazendas, fábricas e usinas de eletricidade produzem diferentes tipos de resíduos, que podem ser até nocivos aos animais. Quando um resíduo polui a praia, pode contaminar quem passa por lá, além de levar anos para que ela fique limpa de novo.

▲ Mais pessoas no mundo significa mais resíduos.

Quando o número de pessoas era menor, os resíduos não importavam tanto. Agora, o grande número de pessoas vivendo em todo lugar produz montes de resíduos.

▼ Olhe em sua lata de lixo.

O tipo de lixo que jogamos fora mudou ao longo dos anos. Hoje em dia, grande parte do lixo é composto de embalagens. Muitos produtos são embalados ou colocados em caixas e, depois que retiramos o produto, jogamos sua embalagem fora.

O que é reciclagem?

O lixo que jogamos fora contém materiais que podem ser reutilizados.
Nos centros de reciclagem, nosso lixo é separado por tipo de material. As fábricas podem usar esses materiais para fazer diversos novos produtos.
Quando reciclamos, não precisamos enterrar ou queimar nossos resíduos.

▶ **Este é um centro de reciclagem. Uma mulher está entregando suas garrafas de vidro usadas.**

Muitos centros de reciclagem possuem um recipiente diferente para cada tipo de material:
- Garrafas de vidro (verde, marrom ou transparente)
- Jornais e revistas
- Tecidos (roupas velhas)
- Latas
- Papelão
- Garrafas e sacos de plástico

Você pode preparar latas, garrafas e outros recipientes para a reciclagem lavando-os e removendo as tampas e os rótulos.

Papel

Garrafa plástica

▼ **Algumas famílias separam o lixo para reciclagem.**

Algumas organizações implantaram esquemas de reciclagem, assim as pessoas não têm que ir a centros de reciclagem. As famílias colocam todos os materiais que podem ser reciclados em uma lata de lixo separada. O conteúdo é levado por essas organizações para reciclagem.

Pote de vidro

Recipiente de metal

▼ **Reutilize!**

Assim como reciclar, é bom tentar reutilizar coisas. Reutilizar materiais de todos os dias, como sacos plásticos e recipientes, ajuda a reduzir a quantidade de resíduos no ambiente.
Equipamentos velhos, como aparelhos eletrônicos, podem ser consertados e usados novamente.
Materiais de construção, como azulejos, tijolos e até portas e janelas, podem ser guardados e reutilizados na construção de novas casas.

▼ **Procure por este símbolo. Ele serve para lembrar você de reciclar seu lixo.**

Para onde vai o lixo?

Periodicamente, caminhões recolhem o lixo de nossas casas e o levam para aterros sanitários, mais conhecidos como lixões. Aterros sanitários são buracos gigantes feitos no solo. Os caminhões despejam o lixo dentro deles. Depois o lixo é enterrado com a ajuda de escavadeiras. As pessoas não gostam de morar perto desses aterros sanitários, porque eles costumam exalar um cheiro muito forte. Por isso, algumas cidades queimam seus resíduos usando fornos gigantes chamados de incineradores.

▲ **Os caminhões depositam os resíduos em aterros sanitários.**

▲ **Caminhões coletam seu lixo.**

Em muitos países, o caminhão de lixo passa uma vez por semana para recolher os resíduos. Os lixeiros recolhem o lixo e o colocam no caminhão, onde o lixo é esmagado para ocupar menos espaço. O caminhão cheio segue, então, para o aterro sanitário.

Muitas áreas de aterro sanitário são terrenos isolados. Os caminhões jogam sua carga ali e escavadeiras esmagam o lixo e o cobrem com terra, para evitar que seja levado pelo vento.
Os aterros sanitários modernos têm um revestimento plástico para que substâncias químicas tóxicas não vazem no solo.

▼ **Um incinerador queima o lixo para produzir energia.**

▼ **Este campo de golfe já foi um aterro sanitário.**

Aterros sanitários são uma maneira fácil de nos livrarmos de grandes quantidades de lixo, apesar de quase sempre exalarem mau cheiro e terem um aspecto desagradável. Quando o aterro fica cheio, coloca-se uma grossa camada de terra sobre ele, que pode então se tornar um parque ou um campo de golfe ou futebol. Fica difícil saber que existiu um aterro ali!

Papel, plástico e outros tipos de lixo produzem energia quando queimados em incineradores. O calor obtido é empregado na fervura da água para produzir vapor. Esse vapor é usado para gerar eletricidade. Entretanto, incineradores podem produzir também gases venenosos que poluem o ar.

Já o lixo que apodrece nos aterros sanitários também produz um gás, chamado metano, que pode servir de combustível. Tubulações colocadas no aterro retiram o gás metano, que é levado por um cano para uma usina elétrica, também gerando energia.

O lixo se decompõe?

Alguns tipos de lixo, como cascas de frutas e verduras, decompõem-se rapidamente; dizemos que eles são biodegradáveis. Metais como ferro e aço enferrujam e se quebram em pedaços menores ao longo de muito tempo. Vidro e plástico não se decompõem; em um aterro sanitário, eles podem ficar embaixo da terra por centenas de anos.

◢ **Plantas e animais mortos são alimentos para outros seres vivos.**

Na natureza tudo pode ser reaproveitado. Nada é desperdiçado. Plantas e animais mortos fornecem alimento para seres vivos como minhocas, fungos e minúsculas bactérias.

Os nutrientes (minerais) de plantas e animais em decomposição retornam para o solo. Nele, ajudam outras plantas a crescer. Dizemos que eles fertilizam o solo.

▲ O esterco ajuda plantações, mas pode poluir os rios.

Muitos agricultores espalham adubo animal (esterco) e resíduos de plantas em seus campos para fertilizar o solo, criando assim condições para que suas plantações tenham um bom desenvolvimento. Mas resíduos naturais em excesso podem causar poluição. Se o esterco líquido e espesso, chamado de borra, for parar em lagoas e rios, ele pode fazer mal à vida aquática.

▲ Fios de metal e plásticos não se decompõem. Eles podem envenenar o solo.

Papel, papelão, algodão, couro e lã originam-se de plantas ou animais. Esses materiais naturais se decompõem rapidamente, ao contrário do metal e do plástico, que demoram muito para se decompor, ficam no aterro sanitário e podem causar poluição.

▼ Procure pequenos animais que se alimentam de resíduos.

Levante pedaços de madeira e folhas caídas para encontrar os pequenos animais que estão escondidos ali. Minhocas, lesmas, insetos, cupins e centopeias se alimentam de restos de animais e plantas. Esses pequenos animais ajudam os resíduos naturais a se decompor (apodrecer). Alguns deles, como aranhas e centopeias, alimentam-se de restos de outros animais. Mas atenção: sempre recoloque cuidadosamente no lugar pedaços de madeira ou folhas depois que você terminar de observar esses pequenos animais.

Resíduos perigosos

O lixo geralmente é sólido, como uma lata ou uma caixa velha. Mas resíduos de uma usina elétrica ou fábrica podem também ser encontrados na forma líquida ou gasosa.

Carros e residências também produzem gases nocivos resultantes da queima de combustível. Alguns resíduos são perigosos. Eles prejudicam a natureza se as pessoas não os descartam de forma apropriada.

▶ **Algumas fábricas despejam resíduos líquidos em rios.**

▲ **Usinas elétricas produzem gases.**

Usinas geradoras de energia lançam gases quando queimam combustíveis como carvão, óleo e gás para nos fornecer eletricidade. Essa energia é encaminhada às nossas casas, escolas e fábricas para fazer as máquinas funcionarem. Assim, toda vez que ligamos o computador ou a televisão, contribuímos para a produção de resíduos.

Quando fábricas produzem bens como sabonetes, remédios ou tintas, eventualmente ocorre a formação de substâncias químicas venenosas em forma de resíduos. Às vezes, esses resíduos são líquidos e escoam para lagos e rios. Esse procedimento é ilegal.

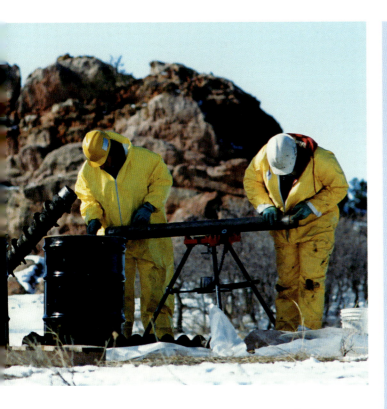

▲ As roupas destes operários os protegem de resíduos tóxicos (venenosos).

Algumas fábricas produzem resíduos tóxicos. Eles são muito perigosos e contêm substâncias químicas nocivas a todos os seres vivos, incluindo as pessoas. Esses resíduos não podem ser lançados no ar, no solo ou na água.

Resíduos tóxicos e de usinas nucleares devem ser armazenados em recipientes lacrados, porque podem causar problemas se houver vazamento. Eles podem ser nocivos por centenas de anos.

▼ **Pilhas e baterias contêm metais ou ácidos venenosos.**

Pilhas e baterias contêm metais e ácidos que podem contaminar o meio ambiente. Por essa razão, elas devem ser encaminhadas para um aterro para resíduos perigosos.

Porém, elas também podem ser recicladas. Algumas cidades recolhem pilhas e baterias como parte de um programa de reciclagem.

Pilhas e baterias recarregáveis são uma opção. Elas podem ser usadas muitas vezes e também ser recicladas quando não funcionarem mais.

Mundo de desperdício

Muitas pessoas adoram jogar coisas fora. Elas não reutilizam nada. Reutilizar significa usar coisas velhas de novas formas.

Em países em desenvolvimento, as pessoas desperdiçam menos. Elas se dedicam mais à reciclagem de materiais, e quase sempre consertam e reutilizam equipamentos velhos. Quando as pessoas reutilizam ou reciclam, geram menos resíduos, causando menor dano à natureza.

 **Este *freezer* velho produz resíduos e pode poluir o ar.**

Gostamos de comprar coisas novas quando as velhas quebram ou saem de moda, principalmente hoje com tanta evolução tecnológica. Mas tudo isso produz resíduos e poluição. E peças de televisores, fogões, geladeiras e carros podem desprender substâncias químicas que poluem a natureza.

◀ **Reutilizando o papelão.**

Em comunidades em que não há muitos recursos tecnológicos e diversidades de materiais, algumas pessoas vasculham o lixo para pegar garrafas, latas, plástico, tijolos e papelão que podem ser vendidos para recicladores. Chapas de metal ou madeira são reutilizadas na construção de barracos.

▲ **Embalagens são úteis, mas produzem resíduos.**

Em muitos países, grande parte do lixo produzido vem de embalagens. Papel, papelão e celofane são usados para embrulhar produtos ou para manter os alimentos frescos. Embalagens coloridas ajudam a vender produtos, mas quando chegamos em casa, a maioria dessas embalagens é descartada, o que é um desperdício.

▼ **Alguns pacotes têm muitas camadas!**

Quando você for a um supermercado, examine as camadas de embalagem usadas em diferentes alimentos. Todas elas são realmente necessárias? Alimentos embalados individualmente são práticos, porém para isso é necessário um monte de embalagem extra. São utilizados materiais como papel e plástico, que custam caro ao nosso meio ambiente.

17

Reciclagem de água

Casas, escolas e escritórios produzem água suja, assim como lixo. Fábricas e fazendas também despejam resíduos em rios. Esses resíduos podem poluir (sujar) a água.

A água de descarte da sua casa, ou seja, a água usada, vai para uma estação de tratamento de esgoto. Lá, ela é limpa antes de retornar para rios ou para o mar. E as estações de tratamento de água limpam a água novamente antes que ela chegue em sua casa.

◀ Uma estação de tratamento de esgoto limpa nossa água de descarte.

1. A água de descarte de nossas casas é levada por canos. Eles conduzem a água suja para a estação de tratamento de esgoto.
2. Na estação, a água suja passa por um filtro que remove resíduos sólidos.
3. A água, então, escorre através de filtros revestidos com areia e cascalho. Pequenos seres vivos que se alimentam de bactérias nocivas são usados para limpar a água.
4. Cientistas testam a água para ter certeza de que não há germes remanescentes. Depois disso, a água volta para rios, para o mar ou para nossas casas.

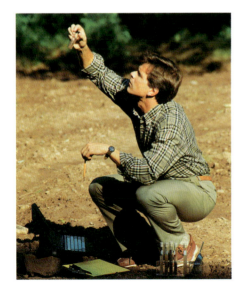

▼ Estas crianças estão pegando água de um poço.

Você provavelmente abre uma torneira para pegar água. Mas em áreas secas e desérticas as pessoas podem ter que andar um longo caminho para pegar água do poço mais próximo. Por isso, elas fazem uso da água com cuidado. Por exemplo, a água utilizada no banho serve depois para regar plantas.

◣ Inseticidas para plantas podem poluir as águas.

Agricultores usam água para regar plantações. Essa água volta para lagoas e rios. Muitos agricultores empregam inseticidas em suas plantações para matar ervas daninhas e insetos. Quando essas substâncias químicas chegam aos rios misturadas às águas, elas podem envenenar animais e pessoas.

▼ Economize água. Tome um banho mais rápido!

Todos os dias, usamos grande quantidade de água para beber, lavar e cozinhar. Toda essa água tem que ser limpa e bombeada até nossa casa, o que é caro e emprega bastante energia. Economize essa água preciosa tomando banho em no máximo 10 minutos. Feche a torneira enquanto escova os dentes ou lava a louça. Você também pode usar água da chuva em vez de água da torneira para regar as plantas.

Reciclagem de vidro

O vidro é um material fácil de reciclar. Da mesma forma que metal e papel, ele é feito de matérias-primas da natureza.

Quanto mais reciclarmos, menos precisaremos de matérias-primas. Reciclar materiais como o vidro também economiza energia.

▶ O vidro é feito em uma fornalha.

O vidro também é feito de areia e calcário. Essas matérias-primas são retiradas do solo e aquecidas em uma fornalha. Elas derretem e se transformam numa mistura líquida que pode ser moldada por sopro ou despejada em formas. A mistura vermelha e quente esfria e forma o vidro.

▶ Estes vidros quebrados estão prontos para reciclagem.

O vidro também pode ser fabricado a partir de garrafas e potes usados, em vez de areia e calcário. O vidro velho é destruído em forma de cacos. Os cacos são, então, reaquecidos. O forno não precisa estar muito quente para derreter cacos. Assim, reciclar vidro economiza não apenas energia mas também matérias-primas.

◢ **Em um depósito de garrafas, o vidro é separado por cores.**

A maioria dos depósitos possui recipientes separados para vidro marrom, transparente e verde. Assim, o vidro é separado antes de ir para a usina de reciclagem. Depois de reciclado, ele pode ser usado na fabricação de garrafas, além de tijolos de vidro, azulejos e barcos ou canoas de fibra de vidro.

E lembre-se: é preciso lavar as garrafas usadas e retirar as tampas antes de encaminhar para reciclagem.

▼ **O vidro pode ser reutilizado. Então, evite o uso de garrafas plásticas.**

Reduza a quantidade de resíduos pedindo a sua família que compre, se possível, leite ou suco em garrafas de vidro em vez de garrafas plásticas ou embalagens de papel. Garrafas de vidro podem ser devolvidas e enchidas novamente muitas vezes. Mas embalagens de plástico e papel são usadas apenas uma vez antes de serem descartadas. Além disso, garrafas de plástico demoram muito para se decompor.

Reciclagem de papel

Jogamos fora montes de papel e papelão todos os dias. Mas podemos reciclar esses materiais para fazer novos livros, revistinhas e até notas de dinheiro. Quando reciclamos papel e papelão, economizamos recursos e energia. Também ajudamos a proteger as florestas onde vivem os animais.

▶ **Estas árvores serão cortadas para a fabricação de papel.**

A madeira é a principal matéria-prima empregada na fabricação de papel e papelão. A maior parte da madeira usada para fazer papel vem de árvores coníferas de plantações industriais. Hábitats selvagens como pântanos e charcos são algumas vezes devastados para a plantação de coníferas. Reciclar papel significa que menos florestas serão desmatadas. Assim, reciclar pode ajudar a salvar hábitats e animais que vivem neles.

▶ **O papelão cinza de uma caixa de cereais é reciclado.**

Jornais e revistas têm bastante tinta. Quando são reciclados, sai mais barato não remover toda essa tinta. É por isso que a cor do papelão reciclado é cinza. Já o papel branco e limpo é o melhor para reciclagem. Ele pode ser transformado em papel para escrever.

▶ Jornais velhos podem ser transformados em papel higiênico.

Produtos de todos os tipos, incluindo papel higiênico, são atualmente fabricados a partir de papel reciclado.
Procure pelos símbolos de reciclagem que indicam os materiais que passaram por esse tratamento.
Além disso, também podemos evitar o desperdício de papel reutilizando envelopes e escrevendo em ambos os lados das folhas. Pergunte ao seu professor se o papel usado na sua escola é reciclado.

▼ Você também pode reciclar sua árvore de Natal.

Árvores de Natal vêm de plantações industriais de coníferas. Em alguns países, existem atualmente pontos especiais de reciclagem onde árvores podem ser deixadas após o Natal.
Em vez de jogar fora sua árvore, recicle-a! As árvores podem ser cortadas em pedaços para fazer um rico composto a ser colocado no jardim com o objetivo de fertilizar o solo.

Reciclagem de metal

Metais são feitos de minerais aquecidos em uma fornalha.
Minerais como prata, cobre e chumbo são difíceis de encontrar. Por isso, as pessoas geralmente não os jogam fora. Mas jogamos fora montes de latas de aço e alumínio.
Felizmente, é fácil reciclar metais, e isso economiza minerais e energia.

▶ **Esta fornalha está produzindo ferro.**

O ferro é um metal duro feito a partir do derretimento de minério de ferro, calcário e carvão de coque em uma fornalha. Ao se adicionar carbono e outros minerais a essa mistura, o ferro pode ser transformado em aço, que é mais rígido. O aço é usado na construção de navios, trens, pontes e edifícios. Metais valiosos como ferro e aço são geralmente reciclados. Hoje em dia, a maioria dos objetos de aço é feita de material reciclado.

◀ Este ímã gigante pega latas de aço.

Latas para armazenar alimentos e bebidas são feitas sobretudo de aço ou alumínio. Na usina de reciclagem, um grande ímã é geralmente usado para pegar as latas de aço. Elas são reaquecidas em um forno para fazer novos produtos. O aço da sua lata de bebida vazia pode acabar em um suporte de aço no topo de um grande edifício ou em um prendedor de papel!

▲ A exploração de minas destrói lugares selvagens.

Os metais são encontrados no subsolo em forma de minério. Quando os minérios são extraídos, lugares selvagens são destruídos e imensas pilhas de resíduos de rochas são deixadas para trás. Ao reciclar metais, podemos evitar o surgimento de novas minas e reduzir resíduos e poluição.

▼ Você pode usar um ímã para testar metais.

Um ímã pode separar diferentes metais, porque ferro e aço são magnéticos, por isso grudam no ímã. Alumínio não é magnético e, portanto, não gruda no ímã. Em casa, use um ímã para testar latas, tampas de garrafa, bandejas de metal e papel-alumínio para descobrir se eles são magnéticos. Lembre-se: todos esses produtos de metal podem ser reciclados.

Reciclagem de plástico e reutilização de tecidos

*O plástico é barato, duro e resistente. Não é à toa que tantas coisas são feitas de plástico hoje em dia! Entretanto, ele demora muito para se decompor. Assim, quase sempre acaba em aterros. Há muitos tipos diferentes de plásticos. Alguns são difíceis de reciclar.
Tecidos, ao contrário, são mais fáceis de reutilizar. Eles podem ser cortados e colocados em colchões e almofadas.*

▼ **Estas lâminas são feitas de plástico reciclado.**

Uma única garrafa pode conter diversos tipos de plástico. Assim, na usina de reciclagem, os plásticos são separados à mão ou por uma máquina. O plástico é fragmentado em flocos bem pequenos, que são derretidos e transformados em novos utensílios.

◣ **Suas galochas podem conter plástico reciclado.**

O plástico reciclado tem muitas aplicações. Alguns tipos são usados na fabricação de cadeiras de jardim, cercas, galochas ou de novas garrafas. Já os tecidos fornecem enchimento para travesseiros e acolchoados ou transformam-se em roupas.

▲ **Roupas velhas são cortadas em trapos, que podem ser usados para limpeza.**

Roupas usadas e outros tecidos também podem ser reutilizados. Você pode aproveitá-los como panos de limpeza em casa ou encaminhar para outro uso. Algumas roupas velhas são cortadas em trapos e usadas para limpar máquinas. Outras são cortadas e transformadas em novas roupas ou utilizadas no enchimento de assentos e colchões.

▼ **Se você usar sacolas de tecido reduzirá a quantidade de lixo.**

A maioria dos supermercados entrega sacos plásticos para que os clientes levem suas compras para casa. Como os sacos são gratuitos, nós quase sempre os jogamos fora.

Porém alguns supermercados começaram a cobrar pelos sacos plásticos. Isso encoraja as pessoas a reutilizá-los ou a usar sacolas de tecido ou lona no lugar dos sacos plásticos. Isso reduz os resíduos e o desperdício causado por eles.

Reduza, reutilize, recicle

Você pode ajudar a fazer do mundo um lugar mais seguro e limpo. Apenas se lembre de: reduzir, reutilizar e reciclar. Reduza a quantidade de resíduos comprando apenas as coisas de que precisa. Tente reutilizar produtos ou encontrar novos usos para eles. Recicle tudo que você não puder reutilizar.

▲ **Compre alimentos da região e economize embalagens.**

Reduza a quantidade de lixo incentivando sua família a comprar produtos em mercados. Supermercados geralmente importam alimentos de países distantes, por isso é preciso grande quantidade de embalagem para proteger os alimentos durante o longo percurso. Alimentos cultivados na sua região quase sempre necessitam de menos embalagem. Então, por que não comprá-los em lugar dos outros?

▲ **Reutilize potes e recipientes.**

Todos os tipos de caixas, potes e garrafas podem ganhar novos usos em casa. Caixas de papelão podem ser usadas para guardar livros, brinquedos ou CDs. Garrafas e potes de vidro podem servir para colocar lápis ou flores, ou você pode usá-los para plantar mudas. Decore-os com cores alegres ou cole neles ilustrações recortadas de revistas.

◀ **Descubra mais! Estes lápis são feitos de copos de plástico reciclados.**

Se você quiser saber mais sobre reciclagem, visite estes sites:
Recicloteca
   http://www.recicloteca.org.br
Cempre
   http://www.cempre.org.br
Resíduos
   http://www.ambientebrasil.com.br/composer.php3?base= residuos/index.php3&conteudo=./residuos/residuos.html
Um site para saber o que fazer com a parte reciclável do seu lixo:
   http://www.lixo.com.br/index.html
Abividro
   http://www.abividro.org.br/index.php/9
Instituto Akatu pelo Consumo Consciente
   http://www.akatu.org.br/cgi/cgilua.exe/sys/start.htm?sid=106
Idec – Consumo Sustentável
   http://www.idec.org.br/especial_meio_ambiente.asp

▲ **Dê novo uso a roupas velhas.**

Roupas que não servem mais podem ser doadas para casas de caridade. Elas podem ser vendidas para arrecadar dinheiro, ou enviadas para comunidades carentes. Livros, brinquedos e utensílios domésticos que você não quer mais também podem receber outro uso em casas de caridade. Até discos de vinil são reciclados: eles podem ser derretidos e transformados em cartões de banco.

Projeto de reciclagem

Descubra o que sua família joga fora a cada semana realizando este projeto! Separar nosso lixo é o primeiro estágio no processo de reciclagem.
É necessário um pequeno esforço, mas, se todos reciclarem, isso realmente ajudará a limpar o planeta Terra.

◀ **1. Separe seu lixo em sacos diferentes.**

Pergunte a seus pais se você pode separar o lixo que sua família joga fora toda semana. Use sacolas ou caixas diferentes para metais, vidros, plásticos, papéis e papelão, resíduos de alimentos e plantas, e roupas velhas. Pese as sacolas para descobrir quais são mais pesadas e faça um gráfico para mostrar os resultados.

◀ **2. Faça adubo para jardim.**

Quase todos os materiais que colocamos no lixo podem ser úteis. Reutilize ou recicle papel, papelão, latas de bebidas, vidros, plásticos e roupas usadas. Faça um monte de adubo usando tábuas velhas e recicle resíduos de cozinha e de plantas. Eles vão se decompor e gerar um rico adubo para o jardim.

▲ **3. Pese as sacolas novamente.**

Veja como poucos resíduos restaram depois que você começou a reciclar. Alguns tipos de lixo terão desaparecido. Pese as sacolas de novo e anote os resultados. Você poderá entrar em contato com organizações para descobrir como reciclar também materiais como óleo e tinta.

▼ **Glossário**

Aterro – Grande buraco na terra, onde são enterrados os resíduos.

Bactérias – Minúsculos organismos vivos que não são vistos a olho nu, por serem pequenos demais.

Biodegradável – Feito de materiais naturais que se decompõem rapidamente.

Cacos – fragmentos de vidro usados para fazer vidros novos.

Combustível – Substância que é queimada para produzir energia.

Decompor – Apodrecer.

Embalagem – Os invólucros usados para proteger produtos que compramos em supermercados.

Fornalha – Forno muito quente.

Minério – Rocha ou mineral que contém metal.

Nutrientes – Substâncias químicas necessárias para o desenvolvimento de plantas e animais.

Poluir – Sujar o ar, a água ou o solo.

Recursos – Matérias-primas usadas para fabricar coisas.

Reservatório – Lago feito para armazenar água.

Resíduo – Lixo.

Índice remissivo

A
ácidos 15
adubo 31
água 18, 19
animais 7, 22
árvores 22, 23
aterros 10, 11, 12, 31

B
bactérias 12, 18, 31
biodegradável 12, 31
borra 13

C
cacos 20, 31
caminhões de lixo 10, 11
campos de golfe 11
canoas 4
centros de reciclagem 8, 9
combustíveis 11, 14, 31

D
decompor 13, 31
decomposição 12, 13, 27

E
embalagem 7, 17, 28, 31
escavadeiras 10
estações de tratamento de
  esgoto 18
esterco 13

F
fábricas 7, 8, 14, 15 e 18

fibra de vidro 4, 21
fornalha 20, 24, 31

G
gás metano 11

I
ímã 25
incineradores 10, 11
inseticidas para plantações 19

J
jornais 8, 23

L
lata de lixo 6, 7, 10, 16, 30
lixo 4, 5, 6, 7, 8, 9, 10, 11, 12,
  14, 17, 18, 27, 28, 30, 31

M
materiais de construção 9, 17
metais 9, 12, 13, 15, 24, 25
minas 25
minérios 25, 31

N
nutrientes 12, 31

P
papel 11, 17, 22, 23
papelão 8, 17, 22
pequenos animais 13
pilhas e baterias 15
plásticos 5, 8, 9, 12, 13, 17, 21,
  26

poluição 7, 11, 13, 14, 15, 16,
  19, 31

Q
queima de lixo 11

R
recursos 31
reduza, reutilize, recicle 4, 16,
  28-44
reservatório 18, 31
resíduos nucleares 15
resíduos tóxicos 15
roupas (tecidos) 8, 26, 27, 29

S
sites da internet 29
sujeira 6

U
usinas elétricas 11

V
vidro 4, 5, 8, 9, 12, 20, 21